JN014637

I AM BEAMS Vol.6　ASAMI NAMURA

MOM & KIDS DIALOGUE

子どもと一緒に暮らしを楽しむためのヒント！

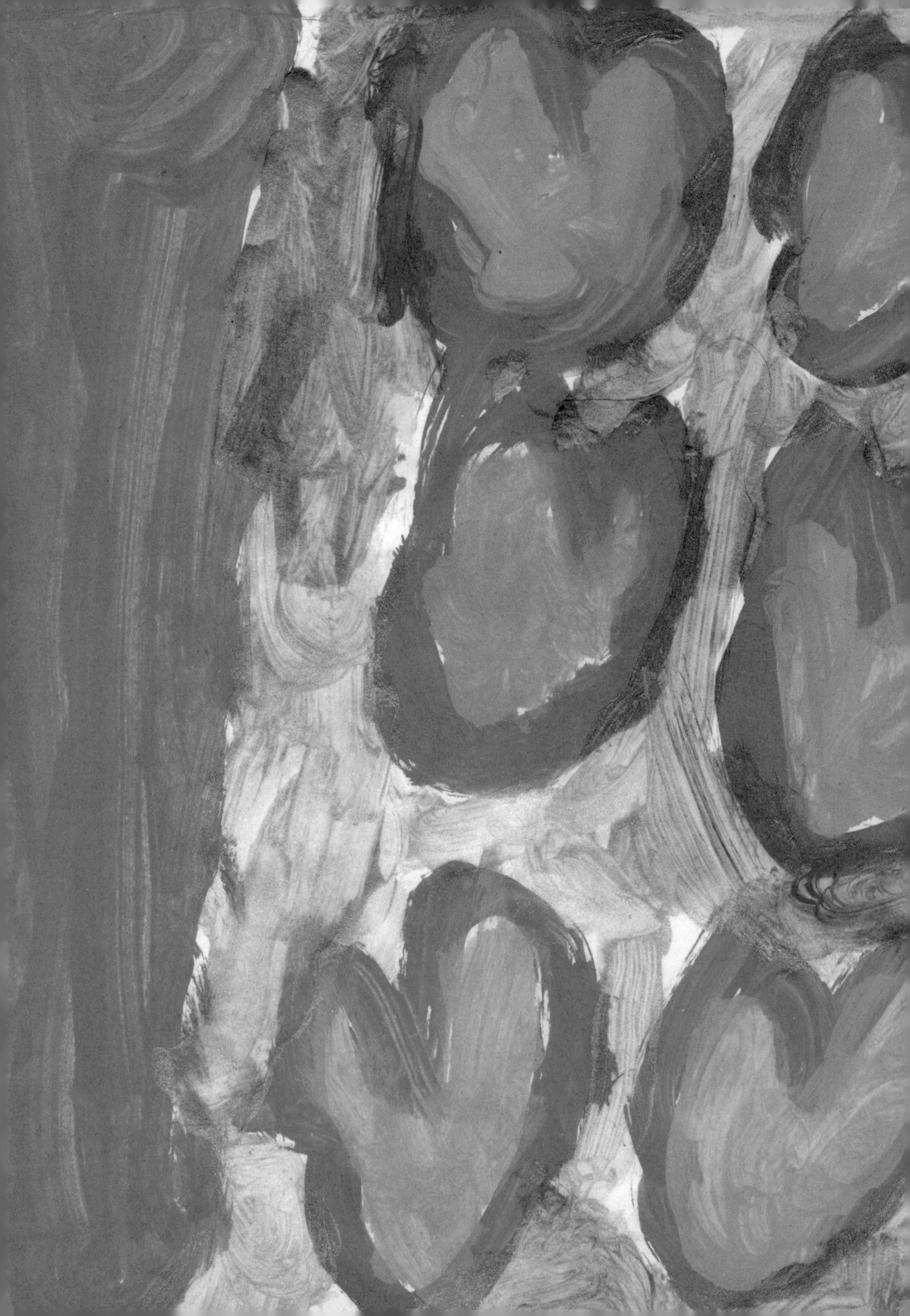

In the beginning!

ワクワクを積み重ねて
「楽しい」を自分で作る

はじめまして、南村麻美です。
〈こども ビームス〉と〈B:MING by BEAMS〉キッズの
ディレクターをしています。

この本には、ファッションからインテリア、
家族や仕事のことまで私が毎日を楽しむために
している工夫をたくさん詰め込みました。

好きなお洋服を選ぶ。家を自分の好きな空間にする。
お気に入りのうつわにフルーツを盛る。
ちょっとしたことをお祝いする。
季節の行事を日常にとり入れる……。

そうやって毎日に小さなワクワクを積み重ねて
子どもと一緒の生活を楽しんでいます。

「楽しい」は自分で作るもの。

なにかひとつだけでも
私の日々のアーカイブが、皆さんにとって
ワクワクの元になることを願っています。

An Amazing

I met Gen in 2011, and we've been married for 10 years. We have two daughters, and this is my story so far.

2011年に夫の弦と出会ったことで始まった南村家。
2014年の入籍から10年の間に、南村家は4人の家族に。
始まった当初は、こんなにいい家族を築けるとは思ってもいませんでした。
どこにでもある、でも、かけがえのない、ひとつの家族のクロニクルです。

The Namura family began
when I met my husband Gen in 2011.
For a decade since we got married in 2014,
we've grown into a family of four.
When it all started, I never thought
we'd be able to build such a wonderful family.
This is a chronicle of our family,
despite being like any other family, is irreplaceable.

Family History

Marriage proposal at Mont Saint-Michel, January 22nd, 2014

2011年に共通の友人宅で出会って3年後。2014年1月22日にフランス・モンサンミッシェルでプロポーズをしてくれました。右の写真は4月22日の入籍記念。

Honeymoon in Hawaii, December 22nd, 2014

結婚式はせず、新婚旅行はその年の12月にハワイへ。衣装や小物は日本から用意して、現地でウエディングフォトを撮りました。

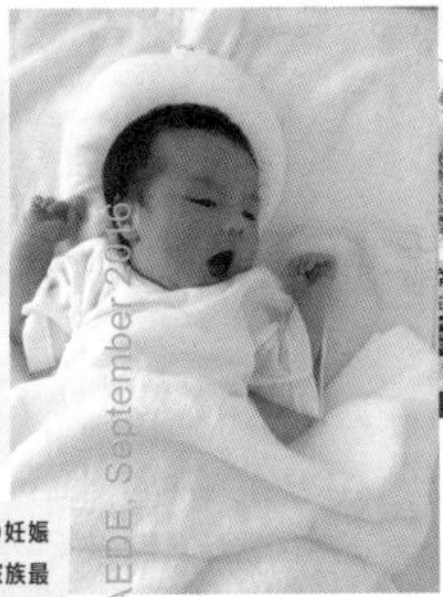

Birth of CAEDE, September 2016

2016年1月に第一子の妊娠が発覚し、6月には2人家族最後の沖縄旅行へ。9月に3,300gの元気な女の子が誕生。

CAEDE's half birthday, March 2017

The first time in an electric bicycle, August 2017

2017年3月に自宅でハーフバースデーをお祝い。その後離乳食がスタートし、8月には保育園入園が決定。電動自転車デビューを果たしました。

September 2017

The first time visiting the beach, May 2018

9月のファーストバースデーは自宅でお祝い。後日遊んでいた公園で、初めてたっち。2018年には第二子の妊娠がわかり、6月には3人家族で初めての海外旅行バリへ。

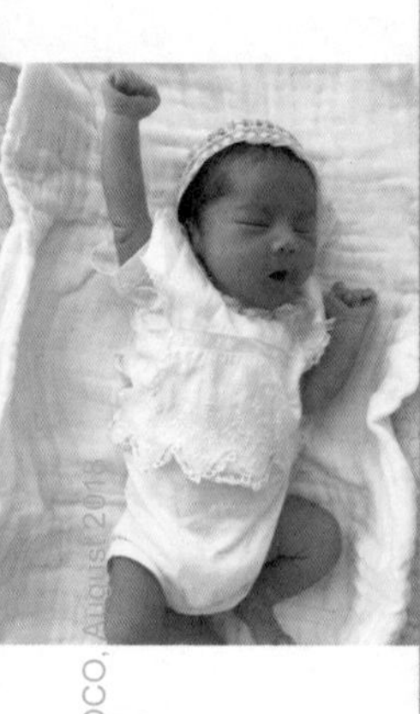

Birth of COCO, August 2018

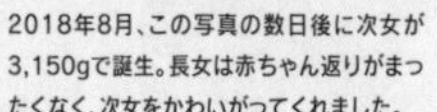

2018年8月、この写真の数日後に次女が3,150gで誕生。長女は赤ちゃん返りがまったくなく、次女をかわいがってくれました。

次女のお食い初め。この頃から姉妹のリンクコーデが始まりました。

CAEDE's shichi-go-san, November 2019

長女3歳の七五三は「Belle Bloom」で撮影しました。4歳の誕生日を迎えた頃には自転車デビューも。お姉ちゃんになってだいぶ成長したなー。

COCO's 2nd birthday, August 2020

COCO's 1st bir

2019年8月、次女の1歳の誕生日には神奈川県座間市のひまわり畑に写真を撮りに行きました。バルーンはもちろん持ち込みです。

2019年11月には、夫がプロデュースする、フォトスタジオを備えたベビー＆キッズのインテリアショップ「Belle Bloom（ベルブルーム）」が代官山にオープン。

次女が2歳になった2020年の9月から私は二度目の復職。子どもたちはこの頃初めてのキャンプや芋掘りを経験。夫は2021年2月に38歳に。

GEN's 38th birthday, Februa

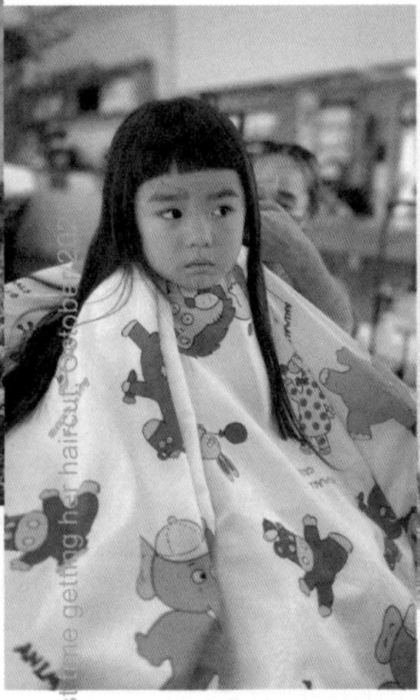

CAEDE's first time getting her haircut, Octobe

COCO's shichi-g

2021年10月、長女は5歳の誕生日の直後に人生で初めて髪の毛を切りました。11月、南村家代々で受け継いでいる着物で次女も3歳の七五三を。

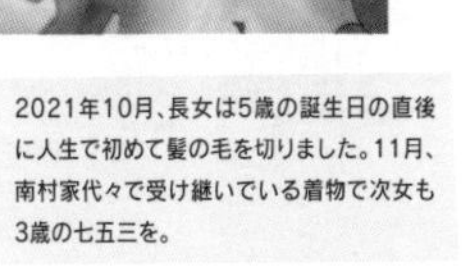

長女は年中さんから友人と一緒にバレエを習い始めました。小学校入学の1年前からラン活を始め、紆余曲折を経て自分で真っ赤なランドセルを選びました。

2023年4月、長女が小学校入学。当初は親も子も新しい環境に慣れるまで苦労しましたが、今ではすっかり楽しく学校と学童に通っています。

2023年8月には、長女初めてのバレエの発表会。私がわからないことだらけでソワソワしていましたが、かわいいでしかない子どもたち。11月には長女7歳の七五三で、2人揃って着物を。

2024年1月。次女が5歳のときに、自分で決めて記念すべきファーストヘアカットをしました。ロングヘアからボブに。さっぱり軽やかになってご満悦!

GEN & CHAMI
☺ 2024.4.22 Thank you

2014
JANUARY 22nd
Marriage proposal at Mont Saint-Michel

DECEMBER 22nd
Honeymoon in Hawaii

2016
SEPTEMBER
Birth of CAEDE

2017
MARCH
CAEDE's half birthday

AUGUST
The first time in an electric bicycle

SEPTEMBER
CAEDE's 1st birthday

2018
MAY
The first time visiting the beach

AUGUST
Birth of COCO

2019
AUGUST
COCO's 1st birthday

NOVEMBER
CAEDE's shichi-go-san

2020
AUGUST
COCO's 2nd birthday

2021
FEBRUARY
GEN's 38th birthday

OCTOBER
CAEDE's first time getting her haircut

NOVEMBER
COCO's shichi-go-san

DECEMBER
CAEDE started dancing ballet.

2023
APRIL
CAEDE's first day of elementary school

2023
AUGUST
COCO's 5th birthday

about: ASAMI 1979—

DATA: BIRTHDAY: 1979.12.22
AGE: 44 BLOOD TYPE: B
HEIGHT: 159cm
NICKNAME: Chami
INSTAGRAM: chami1222

#KIDS #FAMILY
Q.子どもの頃はどんな子？
A.活発な子！

#WORK #KIDS #EVENT
Q.ビームスで働いて何年？
A.2004年入社で、産休・育休を挟んで約20年です。

#WORK #FASHION
Q.お仕事は？
A.〈こども ビームス〉〈B:MING by BEAMS〉キッズのディレクター

こども ビームス

B:MING by BEAMS

#WORK #LOVE #FAMILY
Q.原動力になる言葉は？
A.「人生一度きり。」

#TRAVEL #LOVE
Q.行ってみたい国は？
A.アメリカの田舎町。

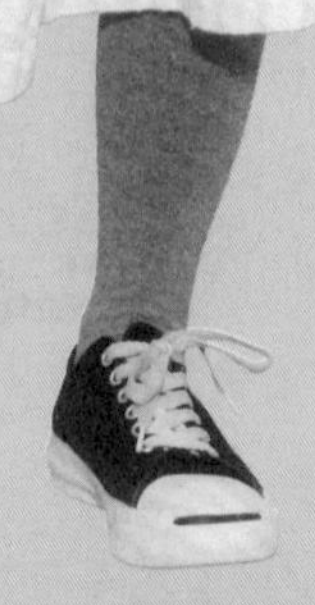

#FAMILY #KIDS
Q.子どもたちに言う口癖は？
A.「早く！早く！」（笑）

#TRAVEL #WORK #LOVE
Q.海外で必ず買うものは？
A.食器と古布とフォトフレーム

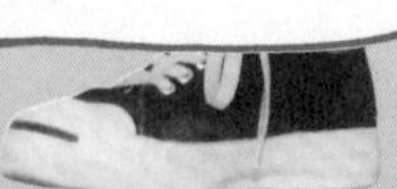

hello!

人生は一度きり。
楽しまなくちゃ！

2004年に当時渋谷にあった「ビームス 東京」でアルバイトを始め、その年に社員になりました。産休・育休を挟みつつ2024年で勤続20年。現在は〈こども ビームス〉と〈B:MING by BEAMS〉キッズのディレクターです。4人家族で、ヴィンテージのファッションやインテリアが大好き。好きなお洋服を着て、好きなものに囲まれた空間で家族と楽しく暮らすためなら、労力や時間を惜しみません。きっちりしたことと数字は苦手です。平日は、仕事に家事にと目のまわるような忙しさですが、週末に家族みんなで遊びに出かけてエネルギーをチャージ。ひとり時間を過ごすより、家族といたほうがストレス発散になります。四季折々の行事も、子どもたちにその日をお祝いする「理由」を伝えながら楽しみます。仕事や子育てに追われていると、どうしても楽しむことを後回しにしがちですが、「どうしたらみんなでワクワクできるか」を常に考えながら、日々をポジティブに過ごしています。

Asami Namura

CONTENTS

FAMILY HISTORY _ 004
about : ASAMI NAMURA _ 010

014 1. FASHION

016 LIVING WITH FASHION

024 CLOSET OF MOM

034 SISTERHOOD

044 CLOSET OF KIDS

052 HAIR LOVERS

058 HOW TO PLAY? Tool Box

060 2. LIFESTYLE

062 FAM TALK

064 ON THE TABLE

074 HOME INTERIOR

CONTENTS

086 SPECIAL DECORATION

094 KIDS ROOM

100 HOW TO PLAY? Pom Pom Flowers

102 3. THE MOM

104 MOM TALK
WITH ASUKA ISHIKAWA

108 PICTURE BOOKS

112 HOW TO PLAY? Gesture Game

113 「I LOVE YOU」

121 HOW TO PLAY? Cardboard House

122 LOVE MY JOB

126 WORKS
Kodomo BEAMS /
B:MING by BEAMS

こども ビームス

B:MING by BEAMS

130 BUYING
NAMURA'S EYE

134 ASK ME!

Please!

EPILOGUE _ 142

1
ONE

FASHION

ビームスの店舗スタッフとして店頭に立っていた頃は、物欲が強く、
毎日「今日、何を買おうかな?」と考えていました。
買う物がない日は「靴下ひとつでもいいか」というくらい、お給料のほとんどをお洋服に。
素敵な先輩方をお手本にしながら、自身の“好き”と“したい”ファッションを追求し、
今のスタイルを確立しました。

LIVING WITH FASHION

WORK STYLE / WEEKEND STYLE / FAMILY STYLE

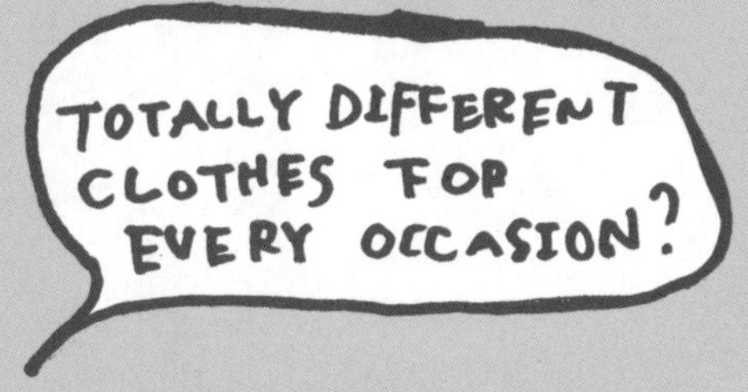

＊ ＊ ＊

新品のお洋服だけでは表現しきれない、自分のスタイルとの相性の良さを感じ始めた頃から、
古着に惹かれていきました。きっと愛着を持って使われてきたお洋服なので、
大切に着て私も受け継いでいきたいと思っています。
夏服、冬服という感覚はあまりなく、夏は1枚で、
冬はインナーを合わせて通年で着るアイテムも多くあります。

WHENEVER
I GO, MY STYLE
NEVER CHANGES.

WORK STYLE

仕事といっても、オフィスワークの日、商談で人と会う日、撮影、出張など、私の場合は日によって内容が大きく異なります。月1程度で「こども ビームス」の店頭にも立つので、何を着るかはその日の業務から考え、自分のコレクションの中から動きやすい服装、きれいめな服装などを選んでいます。とはいえ、ワークスタイルもプライベートもそれほど変わらず、どちらにも着回せるアイテムを多く持っています。

業務に合わせたセレクトで
気分アップと好印象を両立

01 人と会うときや商談時のスタイル。テーパードパンツにケープをインしてきちんと感を演出。

02 展示会回りなど歩き回る日は、スニーカー一択。フリルブラウスはビームス ボーイのもの。

03 出張のときは1枚でサマになり、アクセサリーなしでも決まるワンピースをセレクト。

04 立ったり座ったりすることが多い撮影立ち会いには、動きやすさ重視でパンツスタイル。

05 セレモニーに着用するワンピースでお店に立つことも。足元にはMarinaKarnaの靴下。

06 デスクワークデイは着心地重視。甘さを抑えるためにスニーカーではずしバランスよく。

WEEKEND STYLE

休日は自分らしさ全開で
家族時間を最大限に楽しむ！

ビビッドな色柄ものが好きなので、うるさくなりすぎないよう、基本的にはトータルで3色以下に抑えています。無地のアイテムはほとんど持っていません。トップスをコンパクトにして、ボリュームのあるボトムスをハイウエストでバランスよく着るのがポイント。足元は動きやすいスニーカーやバレエシューズが定番です。エプロンやつけ襟はアクセントにもなるし、子どもと一緒に使えるのでおすすめ。

01
デニムのヴィンテージ感に合わせたコーデ。お友達の誕生会に行くときは、こんな感じ。

02
家族でフリマ巡りに出かける日に。好きな色である赤のワントーンでスタイルアップ。

03
学校行事などに重宝するきれいめサロペット。インナーを変えればカジュアルにも。

04
キルティングスカートが主役。いつものスタイルにベストを1枚重ねるだけで脱マンネリ。

05
ショッピングを楽しむ1日は、子どもとシェアできる首だけセーターをアクセントに。

06
フリルギャザーとウエストマークがコーデのポイントに。ママ友とランチを楽しみます。

FAMILY STYLE

イベントやおでかけ先に合わせて、色やトーンを合わせた親子コーデを楽しんでいます。子ども服は本当にかわいいので、今は自分の服より子ども服に重点をおきがち。年齢ならではのかわいさがあるので、子どもたちにも目いっぱいおしゃれを楽しんでもらいたいです。愛着のあるものばかりなので、サイズアウトしたものは、友人に譲ったりフリマに出品したり、相手の顔が見える方法で譲っています。

今しかできない親子コーデで
ファッションセンスを磨く

オレンジや黄色、エメラルドグリーンなど春っぽいトーンで揃えたお気に入りコーデ。

3人で青、白、赤のトリコロールを意識したマリンルック。楽しい夏休みの始まり感！

秋のジャケットスタイルで美術館に。子どものジャケットはB:MING by BEAMSのもの。

赤い刺繍をテーマにした「ホリデーシーズンフォークロア」。クリスマス会のお呼ばれに。

CLOSET OF MOM

＊ ＊ ＊

ヨーロッパの古着の中でも、刺繍やパッチワークなど
あしらいが入ったものに目がありません。古着は出会いだと思っているので、
一目惚れしたものは迷わず購入。少し迷ったものは、手持ちのアイテムと
3つ以上合わせられれば買いと決めています。
ここでは、私のコレクションの中でもとくにお気に入りのアイテムを紹介します。

LACE BLOUSE MADE IN FRANCE
LACE ON THE SLEEVES
"MY FRIEND'S VINTAGE SHOP"

友人の古着店で購入した、フランスの年代物。袖のレースが華やかで、私の中ではちょっとしたフォーマルに。ブルーのスカートとエプロンを合わせ、長女の七五三のときに着用しました。

EMBROIDERY BLOUSE

FLOWER EMBROIDERY FOR ME, BLACK ONE IS RARE.

刺繍と大きめの襟がかわいいブラウス。黒い洋服はあまり持っていませんが、手持ちのアイテムと着回しが利きそうと思って購入。丁寧な刺繍がコーディネートをランクアップしてくれます。

TYROLEAN JACKET VELOUR FABRIC ADORABLE TYROLEAN TAPE DESIGN

ホリデーシーズンに着たくなるジャケットは、チロリアンテープのあしらいが好み。黒なので、スカートと合わせてきれいめにも着られるし、デニム合わせでカジュアルにも着られて重宝します。

MOUTON RIDERS
JACKET

"FARMERS MARKET"
@UNU
RAW TOKYO

以前、青山のファーマーズマーケットで開催していた「RAW TOKYO」というイベントで購入。無敵の暖かさなので、冬でも中は薄手のアイテムで大丈夫。実は甘めのスタイルともバランス◎。

VINTAGE WRAP SKIRT

ETHNIC EMBROIDERY
I WEAR IT AS A SKIRT AND A PONCHO.

民族調刺繍があしらわれたヴィンテージのラップスカートは、スカートとして着るだけでなくポンチョのように肩からかけたり、斜めがけにしたりも。(29〜32ページのアイテムはmoderate vintageで購入)

PATCHWORK MAXI SKIRT

PATCHWORK THE FLOWER PATTERN LS LOVELY.

パッチワークされた1つ1つの生地も含めて大好きで、このスカートに出会ったときはもう一目惚れでした。Tシャツやトレーナー、足元はスニーカーを合わせてラフに着るのが好きです。

VINTAGE MAXI DRESS.

PATCHWORK DAMAGED FOR RUSTIC TASTE

すべてパッチワークで作られたヴィンテージワンピース。ダメージもあるのですが、全体の色目とマキシ丈のデザインが好みで即決。バレエシューズを合わせて自分の中でスペシャルなときに着ます。

AFGHAN DRESS

FOR SPECIAL OCCASIONS
LOVE THE EMBROIDERY
ON THE CHEST.

1枚で主役感のあるアフガンワンピースは優秀で、七五三のときにも着ました。デニムを合わせてカジュアルにコーディネートしてもいいし、中にタートルを入れ、ニットパンツを穿けば冬のコーデにも。

SASH BELTS

lt,rt BOUGHT AT
JOHNNY WAS IN LA.
ctr. VINTAGE

昔からウエストにポイントをおいたコーディネートが好きで、サッシュベルトは私の中のキーアイテム。真ん中のベルトは古着で、左はmother、右はJOHNNY WASというLAのブランドのもの。

SISTERHOOD

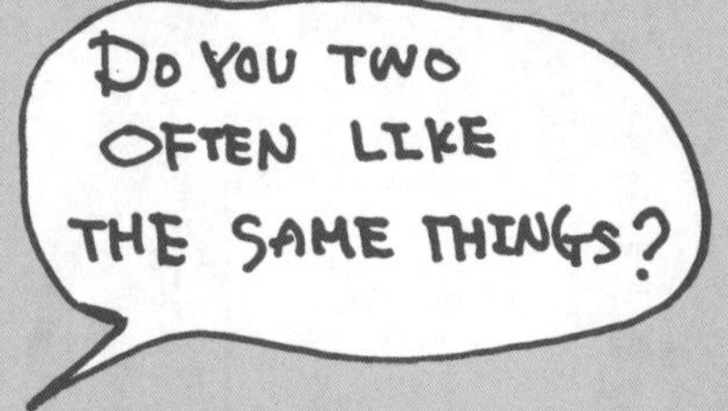

＊ ＊ ＊

長女（かえちゃん）と次女（ここちゃん）は2歳違い。
長女は次女が生まれたときから赤ちゃん返りもなく、よくかわいがってくれました。
次女は長女を「かえちゃん」と呼んで、なんでもかえちゃんの真似をします。
もちろんケンカもするけど、最後は変顔をして笑顔で終わらせる努力をしていたり。
そういう姿を見ると、姉妹っていいなと思います。

ACTUALLY,
WE HAVE OUR
OWN PREFERENCES.

LOVE YOU, LOVE ME
AMOR
COOK

041

CLOSET OF KIDS

LOVELY KNIT / SPECIAL VINTAGE / RED ITEMS
BLUE ITEMS / SISTERS LINKED / STITCHED ITEMS

＊ ＊ ＊

子どもたちが赤ちゃんの頃から、そのときにしか着られない
"子どもらしさ"を大切に洋服を選んできました。
大人の洋服と違ってサイズアウトが早いのが寂しいところですが、
そのときにしかないかわいさには代えられず。これだけは手放さず、
「孫の代まで取っておくだろうな」という思い入れたっぷりのコレクションをご紹介。

THEY BRING
BACK LOTS OF
OUR SWEET MEMORIES!

LOVELY KNIT

ベビー時代から取り入れて、姉妹コーデもよくしていたニットアイテム。Misha & PuffとKalinka Kidsいうブランドのもので、どちらもハンドメイドニットなので着心地も秀逸。サイズ感といいデザインといい、このまま額に飾って取っておきたいくらい。あまりにかわいくて、Misha & Puffは2023年の春夏から〈こども ビームス〉でもお取り扱いをスタートしました。

SPECIAL VINTAGE

古着のお気に入り群。古着は、「こども ビームス」のイベント「KIDS VINTAGE MARKET」でもお世話になっているCheekeeやVintage boutique IAMのもののほか、個人的に友人から譲っていただいたものなど。メキシカンスーベニアジャケットはその長女にぴったりのサイズ。背中にも細かい刺繍があって手間暇かけられているので、特別に大事に着せていきたいです。

RED ITEMS

LOVELY KNIT
SPECIAL VINTAGE
RED ITEMS
BLUE ITEMS
SISTERS LINKED

小さいときのお洋服を見ると、私が好きな深い赤のものがダントツに多いことがわかります。ピンクはあんまり着せていなくて、ベビー服でも大人っぽいデザインのアイテムが多かったと思います。右下のカバーオールは少しの間しか着られませんでしたが、ディズニーランドに行き、ミッキーマウスの耳をつけていたのがかわいくて印象に強く残っています。

BLUE ITEMS

スウェットシャツやセーターなど、子どものアメカジっぽいスタイルがかわいくて、ブルーやネイビーもよく着せていました。右上のケープはアメリカのWOVENPLAYというブランドのもので、日本では扱っていなかったので個人輸入で購入した思い入れのある1枚。うちの子たちはアクティブに動きまわるので、おでかけ時にあまり着てくれなかったのですが……。

SISTERS LINKED

姉妹リンクコーデは、同じものを2枚というより、色違いや柄違いで用意して、それぞれのコーディネートを楽しみます。左下のワンピースは、ヴィンテージサーカスをテーマに、テキスタイルからデザインした〈B:MING by BEAMS〉のオリジナル。ワンピースはサイズがシビアでなく、下にパンツを合わせるなどして長く着られるので、おすすめのアイテムです。

STITCHED ITEMS

1枚でフォークロアファッションが完成する刺繍コレクションは、ニットと並んでお気に入り。伝統的な民族刺繍が施された布はくのワンピースやチュニックはもはや定番で、ヨーロッパのものからメキシコ、タイのものまでそれぞれ特徴があってかわいいです。私自身も刺繍のアイテムが好きなので、姉妹だけでなく親子で揃えたいときにもよく登場します。

HAIR LOVERS

PONYTAIL / HALF UP / BLOCKING / DOUBLE BUNS

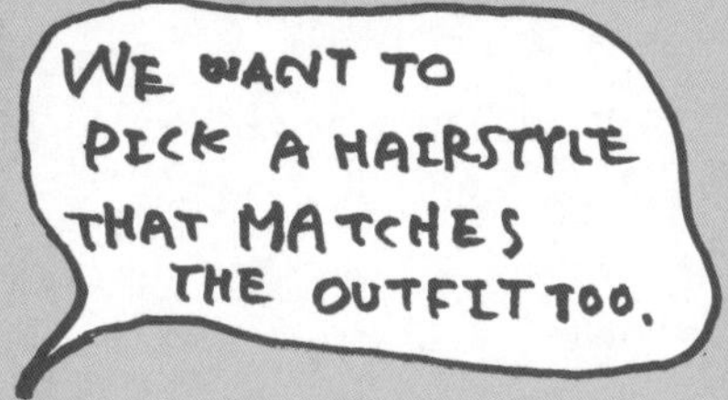

＊ ＊ ＊

ヘアアレンジといっても、忙しい朝にさっとできる簡単なものばかり。
髪がやわらかいので水を入れたスプレーとオイルを使ってまとめながら仕上げています。
長女は、髪を結ばずおろしたスタイルが好きなようですが、
バレエを始めてから前髪を伸ばしたこともあってまとめ髪にもいろいろトライ。
次女は5歳にして人生初のヘアカットを！　今はボブを楽しんでいます。

FEEL MORE
CONFIDENT WHEN
OUR HAIRSTYLES
ARE ON POINT!

01. HAIR STYLE

PONYTAIL

動きのある前髪なし
ポニーテールアレンジ

根本から毛先まで全体に水をスプレーし、オイルでまとめながらポニーテールを作ります。毛束を2つに分け、それぞれを三つ編みに。毛先ぎりぎりまで三つ編みにしたらゴムでしばって、根本にリボンをつければ完成。

02.

HAIR STYLE

HALF UP

たくさん体を動かす
毎日のプレイタイムに

長い前髪をアップにしたいなというときに。前髪をセンター分けにして、それぞれの毛束をねじってまとめ、くるくるっとお団子風にゴムでしばっただけ。きつめにねじるとお団子があがって、崩れにくくなります。

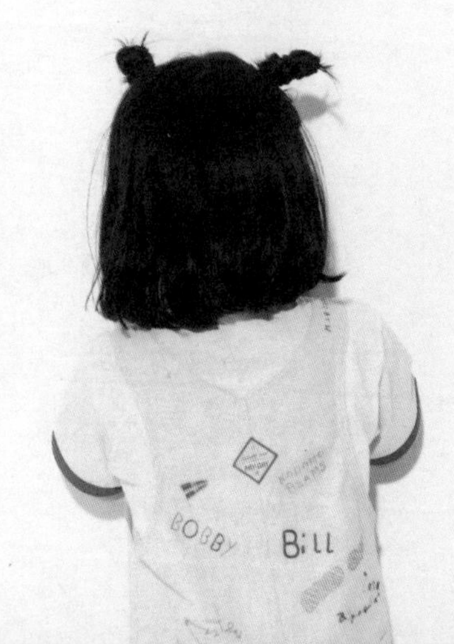

03. HAIR STYLE

BLOCKING

小さなお団子でボブでも無理なくアップヘアに

次女はボブになってまとめ髪が難しい長さになったけど、まだまだお団子ヘアがかわいい時期。前髪2つ、後ろ髪を3つのパートに分け、それぞれで毛束をねじってお団子にすれば、無理なくアップに。プールはこれだね！

04.

HAIR STYLE

DOUBLE BUNS

浴衣姿にかわいい ジグザグアップ

コームの柄の先で分け目をジグザグにとり、少し高い位置でツインテールにします。それぞれの毛束をネジネジしてくるんとお団子にしてピンで留め、飾りにヘアピンを。遊び心のあるアップスタイルのできあがり。

HOW TO PLAY?

Tool Box

長女が夏休みの自由研究の宿題でつくったモビール

モールをねじって簡単につくれるオーナメント

創造力がわいてくる魅惑のお道具箱

子どもたちはものづくりが大好き。我が家には、雑貨店や100円ショップの工作アイテム、包装資材などをストックしているお道具箱があります。私も子どもたちもかわいいお菓子や洋服のラッピングを見つけると、「これ何かに使えるかも」と、とりあえず箱に入れる習慣がついています。私が古いアクセサリーをあげることも。箱はすぐ手に取れるように、リビングに置いてあるので、思い立ったらその場でアクセサリーやオーナメントのような作品を作っています。かわいくできた作品は飾って楽しんでいます。

MIX AND MATCH COLORFUL PIPE CLEANERS THEN TWIST AND TWIRL THEM.
YOU CAN ALSO ADD YOUR FAVORITE RIBBONS AND PICTURES TO MAKE THEM PRETTIER.

(01)

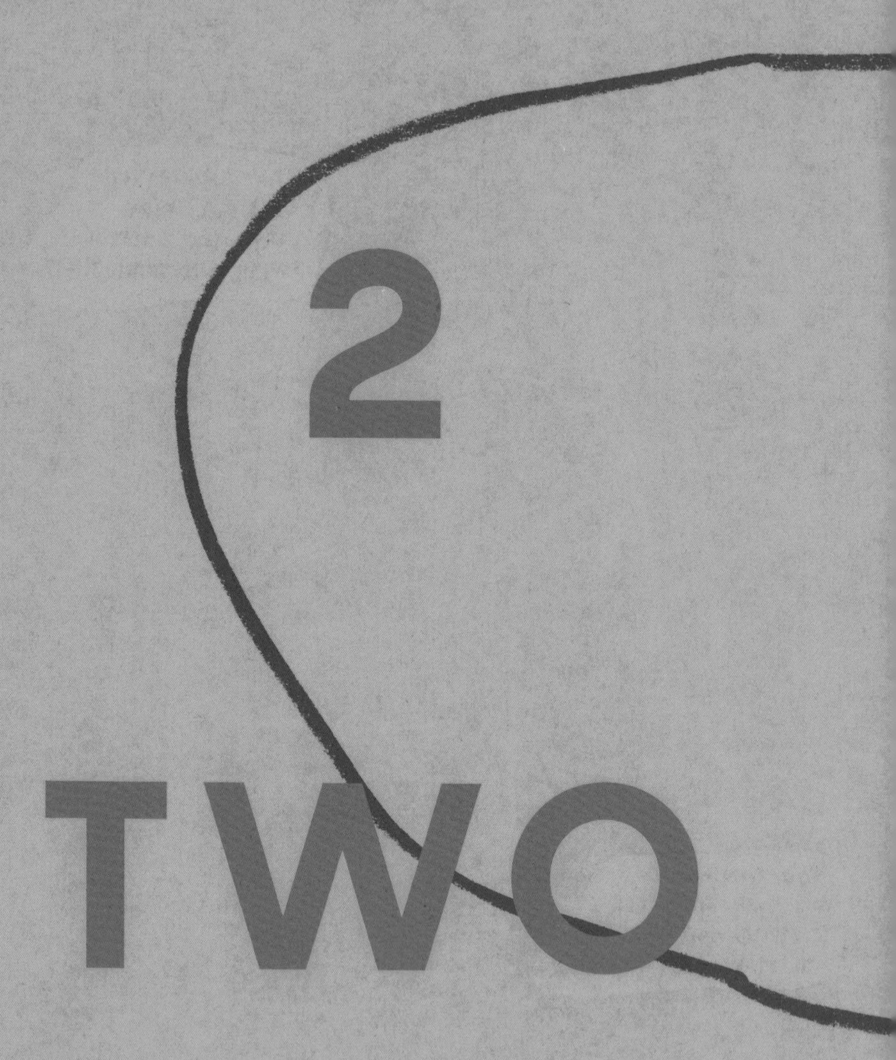

2

TWO

LIFE STYLE

私の愛とパワーの源は、家族です。
家族という単位が仲良くいることが、すべての力の源になると信じています。
みんな仲良くいるためにも、家は大事な拠点。
ファッション同様、自分らしさを大切にした暮らしを心がけています。
ここでは南村家のライフスタイルの中から、食と住の様子をお届けします。

Interview:

FAM TALK

Interviewer:CAEDE&COCO

家族との時間が一番のリフレッシュ

――パパとママは、どこで出会ったの？

Gen：友人の家に遊びに行ったときにChamiも来ていて、はじめましてに。そのとき、ダボダボの白いシャツを着ていて洋服に無頓着な子なんだなと思ったのが第一印象。後から聞いた話では、その家のプールで遊んだあとで、着替えがなくて借りただけだったんだけど、面白い子がいるなと思って一緒に遊ぶようになりました。

――ママの好きなところは？

Gen：ファッションにしてもインテリアにしても、自分のスタイルを持っているところ。あと、丈夫（元気）なところ（笑）。

――パパの好きなところは？

Chami：優しいところ。雨が降っていたら車で送ってくれるなど、これ見よがしにではなくさらっとやってくれます。

――家族で何をしているときが楽しい？

Chami：私は週末に一緒に公園などに行って遊ぶ時間がすごく大切。最近とくに仕事が忙しく、出張も多いので、自然があるところで遊んで放電し、銭湯に行って帰ってくるお決まりのコースが一番の楽しみ。反対に、週末ひとりで過ごしていいと言われてもそわそわしちゃうので、家族といるほうがリフレッシュできます。

Gen：僕もそう。昔は友達とスケボーに行ってそのまま飲みに行くパターンが多かったけど、今は子どもたちと一緒にスケボーしたり一輪車をしたりして遊ぶほうが楽しい。女の子だからもう少し大きくなったら遊んでくれなくなるだろうしね。今は体調をくずさないよう気をつけながらも全力で遊ぶこと！　これが大切。それから、平日は一緒にいる時間が少ないので、できるだけ夕飯をみんなで食べられたらいいな。

――家族のみんなにメッセージをお願いします！

Chami：2024年で結婚10周年！　あっという間の10年でしたが、家族仲良くいられれば、どんなことも乗り越えられると思うので、これからも仲良く笑って健康に過ごしましょう。

Gen：本当に健康第一。独身の頃は適当な暮らしをしていたので、家族ができて、Chamiにも子どもたちにも育ててもらっているというか、生かされている感じがしています。みんな本当にありがとう！

ON THE TABLE

#namuraonthetable

＊ ＊ ＊

平日は朝食も夕食も和食が中心で、朝は、ごはんとお味噌汁が定番。
とはいえ子どもたちはパンが大好きなので、週末のブランチに
「ごちそう」としてパンを楽しんでいます。
特別なものは何もないけど、盛り付けやうつわ選び、テーブルスタイリングで演出し、
家族で食卓を囲む時間を大切にしています。

LET'S COOK
SOMETHING
WE'D LIKE
TO EAT.

1/365

朝食は夫、夕食は私が担当。夫は以前
ケータリングの仕事を少ししていて、料理は
得意なので助かります。夫が朝食を準備している間に
どれだけ夕食の準備ができるかで、
その日の気持ちの余裕が変わってきます。

"Recommended toppings!"
Green onion, Corn, Radish, Jalapeno, Grilled pork, Boiled shrimp, Hot sauce

Homemade Nachos

(1) ワカモレ

1. みじん切りにした玉ねぎを水にさらす。
2. アボカドを潰して、水気を切った玉ねぎと合わせボウルで混ぜる。
3. 塩とライム汁で味を整える。

(2) サルサ

1. トマトとパイナップルを細かい角切りにする。
2. 玉ねぎ、パクチーはみじん切りにして、玉ねぎは水にさらしておく。
3. 水気を切った玉ねぎ、トマト、パイナップル、パクチーをすべてボウルに入れて混ぜる。
4. 塩胡椒で味を整える。

Recipe

❶ コーンチップスをお皿に盛り付けて、(1)ワカモレと(2)サルサを適量乗せる。
❷ 溶かしたチーズをかけて、サワークリームもしくはヨーグルトをかけて完成。

2/365

3/365

4/365

5/365

そのままお皿に盛るか、切って盛るだけで
ビタミンチャージできるフルーツは、食卓に
欠かせません。子どもたちは季節のフルーツで
栄養をとっているといっても過言ではありません（笑）。

6/365

子どもと一緒に作れる!

Quick Pizza with Gyoza wrappers.

Recipe

1. フライパンに餃子の皮を敷き詰める。
2. ピザソースもしくはケチャップを乗せて、チーズ、ツナ、ソーセージ、薄く切ったピーマン、玉ねぎ、コーンなど、好きな食材を乗せる。
3. フライパンに蓋をして、中火で5~6分焼く。
4. チーズが溶けて皮がパリパリしてきたら完成。

7/365

ピザ生地がなくても餃子の皮でできる
クリスピーピザは、簡単ランチにピッタリ。
子どもと一緒に作れるメニューです。

次女が5才になって包丁が少し使えるようになり、
お菓子作りや料理を一緒にできるようになりました。
簡単な朝食や、行事イベントのお料理を
これからもっと一緒に作りたい!

8/365 9/365

10/365 11/365

12/365 13/365

14/365

15/365

WE'D LOOK CUTE IN APRONS, TOO, RIGHT?

IT'S LIKE WEARING MATCHING OUTFITS EVEN WHEN COOKING

朝から仕込んでおける野菜たっぷりの
煮込みやスープをよく作ります。一品あると、
帰宅してからメインを焼いたり揚げたりするだけで
夕飯が完成するので時短に。
その組み合わせで平日を乗り切ります。

16/365　17/365

クリスマスや誕生日などのイベント時には、
テーブルクロスやキャンドル、グリーンなどで
特別感を。フードは全部手づくりではなく、
お店のケーキやメインディッシュも取り入れて
無理なく楽しんでいます。

18/365

HOME INTERIOR

＊＊＊

ひとり暮らしを始めたとき、一番初めにガーランドと鏡を買いました。
部屋を自分仕様にできるのが楽しくて楽しくて、洋書を見ながら
まずは壁からデコレーション。そこで部屋の雰囲気を決めて、ヴィンテージの家具や
雑貨を揃えていきました。その頃から好みは変わらず、
家が自分の一番好きな落ち着く空間です。

OUR HOME IS
LIKE A TREASURE
CHEST FILLED WITH
SUCH SERENDIPITIES.

FRAME

フレームは蚤の市で買ってきたアンティークからフライング タイガー コペンハーゲンのものまでいろいろ。
子どもの作品や写真、アート作品などを飾っています。フレームの形やサイズはバラバラですが、ガーランドやオーナメントと
一緒に飾ってバランスよく配置することと、色を使いすぎないことを心がけています。

TABLEWARE

食器はアンティークやホーローのものが好きで、私も夫もそれぞれ、海外出張のときに蚤の市で購入しています。
なかには、1ユーロくらいの掘り出し物も。毎回、どんな食器を選んだかは旅先からは伝えず、帰ってからのお楽しみにしています。
白が基調のシンプルなお皿なので、洋食はもちろん和食にも意外に合います。

CLOTH

大好きな布類は、廊下の棚にサイズ別に収納。ニットの布は蚤の市で見かけるとついつい買ってしまいます。
ソファにかけたり、カーテンにしたり、ラグにしたり、ピクニックの敷物にしたりと何かと便利。
気分転換に模様替えをしたいなというときは、布を替えるだけで部屋の印象をガラッと変えることができます。

CUSHION

クッションはインテリアのアクセントになるアイテム。コットンレースやカンタキルト、オールドキリムなど
どれも古い布を使った手仕事感のあるものばかりなので、柄や形が違ってもなんとなくまとまって見えるのかも。
インテリア全体に言えることですが、我が家にはヨーロッパのテイストのものが多いです。

ORNAMENT

ここは鏡を置いているコーナーで、海外の蚤の市やメキシコ雑貨のウェブショップで購入したオーナメントを飾っています。
仕事でVMD（※Visual Merchandising）を担当していたこともあってか、余白があると埋めたくなってしまいます。
下に置いているワイヤーのワゴンは家族がよく通る場所であぶないので、生花ではなく造花を飾るスペースに。

BASKET

作り付けの収納が少ないので、こまごましたおもちゃなどは種類別にカゴに入れ、階段下の
ちょっとしたスペースに並べています。いろいろな国のカゴがありますが、アジアやヨーロッパのものがほとんど。
おもちゃだけでなく見せたくない小物は、かわいいカゴ+布で目隠しするのが基本です。

QUILT SPREAD

布の中でも重宝しているのが、Lucas du Tertre（ルカ・デュ・テルトル）のキルトスプレッド。
肌触りがよく洗濯できるので、お昼寝のときのブランケットや子どもたちの夏の掛け布団として、リビングでも子ども部屋でも大活躍です。
サイズがいくつかあって、表裏が異なる柄なのもかわいい！

RATTAN BENCH CHAIR

インスタにもよく登場する子ども用のベンチチェアは、夫のインテリアショップ「Belle Bloom」のオリジナル。
経年変化を楽しめる素材なので、マイヴィンテージにしていく過程も楽しみながら受け継いでいきたいチェアです。
フレームを飾った壁の下が定位置で、我が家の撮影スポットになっています。

FLOOR LIGHT

存在感のあるフロアライトは、結婚する前に夫と一緒に行った目黒のインテリアショップで購入したもの。
もう10年以上前になります。家にあるこだわりの照明は、ほかに小さなシャンデリアやペンダントライトなど。
照明は、お部屋の印象を大きく左右するので、インテリアの要素としても欠かせません。

FLOWER VASE

花瓶はフリマやザ・コンランショップで買ったり、空き瓶を使ったり。ガラスや陶器だけでなく、子どもの手が届く場所にも置けるよう、アクリル製のものもあります。透明感のあるものはたくさん並べても窮屈にならないので、お花を飾らなくてもランダムに並べてインテリアとして楽しんでいます。

SPECIAL DECORATION

BIRTHDAY / HOLIDAY / FLOWER

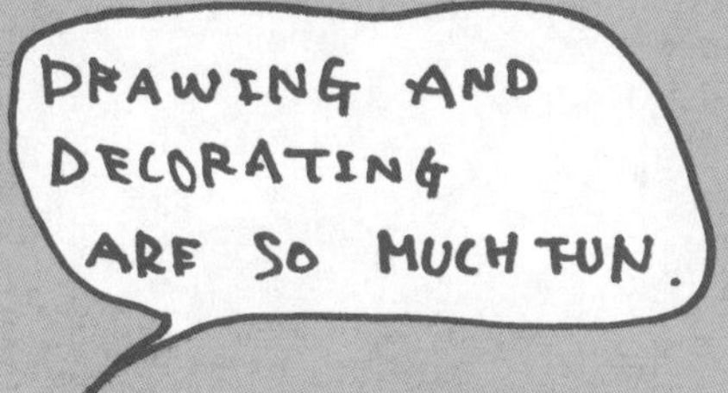

＊＊＊

イベントごとには、気合を入れて楽しむ我が家。
デコレーションアイテムは特別なものではなく、
100円ショップで手に入る工作グッズや、包装紙やリボンなど。
使わなくなったアクセサリーを使うこともあります。
子どもたちにはいろいろな経験をさせてあげたいなと思って、盛り上げ役に徹します。

La Costeña
Salsa
WE DON'T HOLD BACK WHEN IT COMES TO EVENTS!

BIRTHDAY

家族の誕生日が
我が家のメインイベント

家族の誕生日は、一年で一番気合の入るイベント。子どもが小さいうちは記念写真を撮りに出かけていましたが、最近は家を飾ってケーキを注文し、友人を呼んでパーティーを。娘たちはお互いの誕生日にプレゼントを選び、お手紙と一緒に贈りあっています。

お花を飾ってガーリーに。

長女の1歳の誕生日には、生花をオーナメントのように飾ってデコレーション。壁の一角を飾り付ければ、撮影スポットのできあがり。

ナンバーバルーンは毎年。

年の数のバルーンは必ず用意。このときは、深みのある色のバルーンやスズランテープを揃えて非日常的な特別感ある雰囲気にしました。

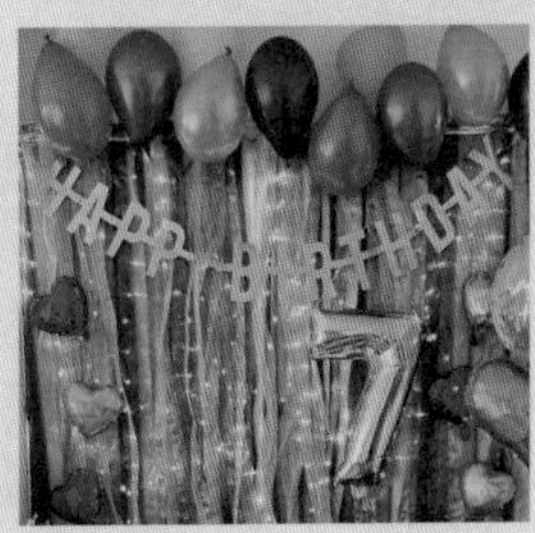

HOLIDAY

子どもも大人も一緒にワクワク

クリスマスツリーは、タペストリータイプから始まり、今はツリーを置いて飾り付けを子どもたちに任せています。オーナメントは、蚤の市で集めたものや、子どもたちのお手製。仕上げには、サンタさんが我が家に来た写真(を残せるアプリ)を見せて、毎年大盛り上がり!

手作りアドベントカレンダー。

毎年、簡単なアドベントカレンダーをつくって12月のホリデーシーズンを楽しみます。中身はお菓子や消しゴム、ヘアピンなどなど。

オーナメント作り。

代官山の「こども ビームス」では、廃棄予定の残布を使ってオリジナルのオーナメントをつくるワークショップも開催しました。

FLOWER

お花は気分を上げる マストアイテム

疲れて帰ってきても、家にお花があるだけで気分が上がります。生花だけでなく造花もたくさんあって、部屋のあちこちに飾っています。私が花好きなのを知ってか、次女が叱られたあとに部屋中のお花を束ねて「どうぞ」と持ってきてくれたこともありました。

食器棚にも造花を。

リビングから見える位置にある食器棚の中にも造花を。水の入った生花は置けないけど、造花を置くことで食器自体もインテリアっぽく。

小さい子でも安心。

子どもの手が届くスペースには、気をつかわなくていいようアクリルの花瓶に造花を飾ります。造花は「Belle Bloom」や雑貨店で購入。

KIDS ROOM

＊ ＊ ＊

姉妹2人で一緒に使っているキッズルーム。
部屋自体は手狭ですが、リビングから階段で下りた先にあって、遊び場になっている
ルーフバルコニーにも面しているので、子ども部屋だけではなく、
周辺のあちこちで遊び回っています。いつまで一緒の部屋にいてくれるかわかりませんが、
今は、好きを詰め込んだ宝箱のようなこの部屋を気に入っているようです。

WE OFTEN PLAY
TOGETHER
ON THE BED.

子ども部屋は小さな秘密基地

子ども部屋は、2段ベッドと小さな机と棚を置いただけでいっぱいなので、あまり物を増やしすぎないようにしています。でも天井が高く、窓が大きいので圧迫感はそれほどありません。壁に備え付けられたエアコンの下にベッドを置く必要があったので、高さを吟味してシンプルなパイプベッドをオンラインで購入。夜はここで絵本を読み聞かせたりもしますが、ベッドの上を秘密基地のようにして2人だけで遊ぶことが多いです。お洋服は部屋を出たところにあるクローゼットの中。プラスチック製のおもちゃやプリンセスの変身アイテムなど、外に出しておくと散らかって見えるものは使い終わったらカゴの中にしまっています。長女がピアノを欲しがっているので、窓際に小さな電子ピアノを導入予定です。

天井が高くそのままでは壁が寂しいので、ベッドの上にはガーランドやライトを飾っています。毎日ぬいぐるみを抱いて、一緒に寝ています。

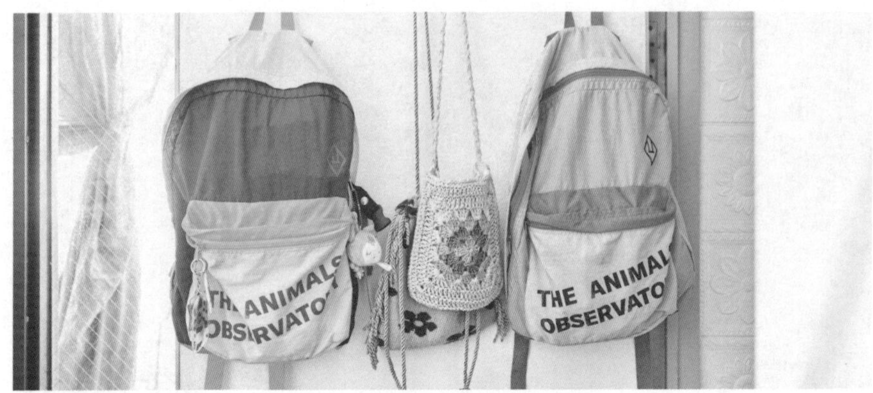

ドアにフックをかけてバッグかけに。バッグは私も一緒に使っています。おもちゃは自分たちで片付けられるよう種類ごとに収納。

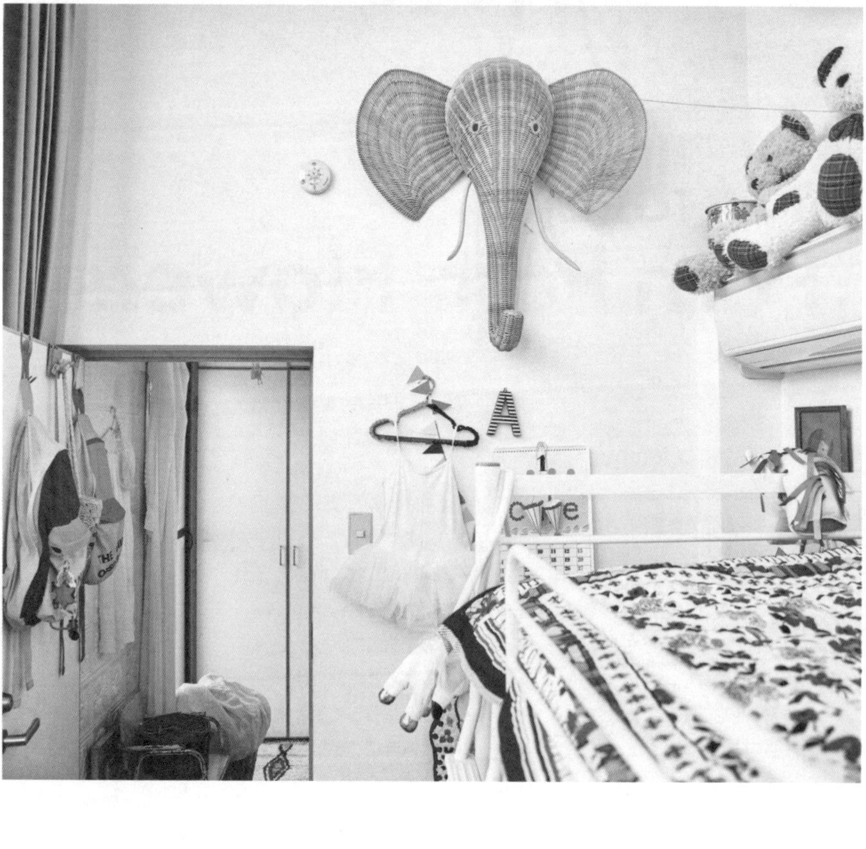

インドネシアの職人さんによるハンドメイドのラタン製アニマルウォールは、天井の高い子ども部屋のアクセントになっています。

HOW TO PLAY?

Pom Pom Flowers

**毛糸とモールでできる
ポンポンフラワー**

洋書で見かけた毛糸のお花がかわいくて、子どもたちと一緒に作るようになりました。材料は、毛糸とモールだけ。どちらも100円ショップで揃います。毛糸は太めのものを使うとボリュームが出るのでおすすめ。使う道具は、はさみとフォークだけなので手軽に作れます。1本だけ一輪挿しに入れて飾るのもいいですが、たくさん作って花束にするのがお気に入り。透明な花瓶に入れると、茎の色まで見えてよりお花らしく見えます。リボンと包装紙でラッピングして、お友達へのプレゼントにするのもいいですね。

ニュアンスカラーの毛糸を使うと大人っぽいイメージに。

Let's Play!

STEPS

01

モールをフォークに沿わせて持つ。その上から2cmほど残して、毛糸を30〜40回巻きつけ、切る。

02

モールの先端を曲げてモール同士をねじり、毛糸を固定する。フォークだけを抜き取る。

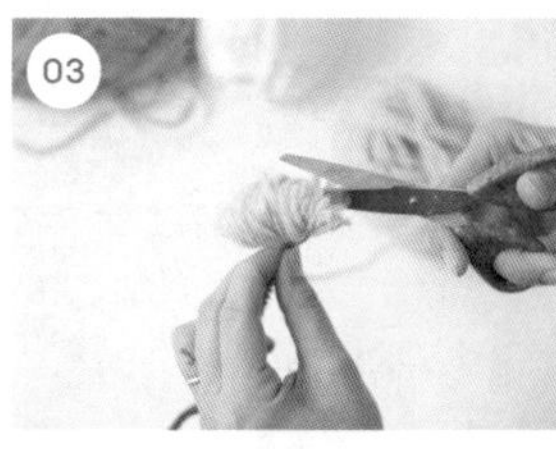

03

輪になった毛糸の束の真ん中にはさみを入れ、開くように半分に切り、毛束を整える。

04

適当な長さに切った別の色の毛糸をモールの根本に巻き、両端を結んで花の軸をつくる。

3
THREE

THE MOM

毎日、仕事と家事の綱渡りで、子どもが体調をくずして
予定通りにいかないことも日常茶飯事。チーム（家族）だけで解決できないときは、
同じ気持ちを共有できる友人のママたちを頼ります。
助けてもらっているのに、さらっと「いつも頑張ってるね」と言ってくれることにも感謝（涙）。
ママって本当にみんな頑張っていますよね!

MOM TALK WITH

仕事に子育て、家事……
ママはみんな頑張ってる!

南村　明日香さんとはずっとお話ししたいと思っていたので、こんな機会をいただけて嬉しいです。ありがとうございます。

石川　こちらこそ。お仕事でお会いすることはあってもなかなかゆっくりお話しする機会はなかったですもんね。私はいつもChamiさんのインスタを見ていて、お子さんとの時間を本当に大切にされていて素敵な方だなと思っていました。

南村　いえいえ、普段仕事でまったく子どもとの時間が取れないので、休日は意識的に一緒に過ごしているだけ。平日はもう想像を絶するくらいバタバタで、子どもの話を聞くことができていないなといつも心配になります。とくに上の子が小学校

石川明日香／I DESIGN STUDIO代表。キッズファッションウェブマガジン『TIAM』で世界のファッションやイベントなどの情報を発信。カナダに留学中の17歳の長男と、14歳の長女、2歳の次女の母。

に入学したばかりのときは、もう毎日が不安な気持ちでいっぱいでした。お友達作れるかな？　毎日の生活はちゃんと送れるかな？　学童ってどんなところなの？　と毎日自分で勝手に不安を膨らませていました。平日は、子どもとの時間も確実に減るだろうし、転職も考えました。一方、娘は何の不安もない様子。毎日、楽しい楽しいと登校し、ニコニコで帰ってきました。その様子に安心を与えてもらい、私も不安を信用や信頼に変える努力をしようと考えるようになりました。それからは、子どもを信じて送り出すことができるようになったと思います。

子育ては、子どもを信じて見守るというフェーズに

石川　私も子育てで一番大事にしているのは、信じること。うちは長女が小学校4年生の2学期から卒業まで2年半学校に行けなくなってしまった時期があります。最初は本当に心配だったし、不安だったし、病院に行ってみたりもしましたが、最終的には、もう娘を信じることしかできないと思って見

守っていました。

南村　親も信じることで強くなりますよね。子どもを信じることができた自分に拍手という感じ。今は家族だけではどうにもならないときは、お泊まりさせてもらったり、夕食を届けてもらったりと、友人たちに頼ることもあって本当にありがたい存在です。最近は、子どもに助けられることも多くなりました。先日も長女の宿題を見ていて、わからないところを理解させるのに強い口調になってしまい、泣かせてしまったことがあったんです。夜になって、さすがに私の意見を通し過ぎたと反省して、寝起きに「昨日はごめんね」と謝りました。でも娘は「いいよ、いいよ。全然気にしてない！」とケロッとしていて。許す心や気持ちの切り替えが早いところは、私以上に大人だなと感じました。5歳の次女は、私が料理で「失敗した～」と叫んでいると、「ちゃーちゃん、失敗は成功のもとだよ」と励ましてくれたり（笑）。子どもの優しさに救われています。

「家族が仲良くいれば無敵！」（南村）

これからの親子関係 愛とか、人間関係とか

石川　私は、長男が15歳くらいのときにふと「あなたのことを尊敬してる」と言ってくれたことがありました。長男は小学校高学年のときに反抗期があったから、そんなことが口に出せるくらい成長したんだと思って、そのときは涙をこらえるのに必死でしたね。

南村　私も子どもにそう言ってもらえるママになりたい！　息子さんが小さい頃はどんな話をしていましたか？

石川　将来、友達のようになんでも話せる関係にしたいという思いがあったので、小さい頃から対等に接して深い話もしてきました。中学受験のとき、彼の同級生が「第一志望の学校に落ちたら俺の人生は終わりだ」と言っていたことがあったのですが、「いや、人生は学歴なんかで全然決まらない。私は学歴はないけど好きなことを仕事にできていて、今すごく幸せ。それは家族や周りの人がたくさん助けてくれているからで、人を大切にするほうが人生においてずっと重要」といった内容を、長男と話し込んだことが印象に残っています。今でも友達を大切にという話をしますし、いまだに愛しているとか大好きということを伝えています。

南村　我が家も寝る前に「大好

きだよ、愛してるよ、おやすみ、Good Night！」を毎晩言い合っています。私は家族が仲良くいればなんでも解決できると思っているところがあって、「会社や学校で嫌なことがあっても、それを吐き出して話ができる家族がいれば無敵だよ」と子どもにも何度も伝えています。

石川　それはすごく良いですね。娘が学校に行けなくなったのはシングルマザー時代でした。私も不安定だったんですが、そのとき児童心理の先生に言われたのが、家は子どもにとって充電の場だということ。10歳くらいになると学校が社会になってきて、人間関係にも疲れが出てくるのだとか。家に帰って家族に甘えて心をチャージできれば次の日頑張って社会に出る循環ができるけど、家が安心できる場所でないとチャレンジできなくなってしまうんだと。だからChamiさんの話は本当にその通りで、私は子どもを幸せにできないのに仕事で人に幸せを伝えるなんてできないから、まずは自分と子どもたちがハッピーでいることをベースにしたいと思うようになりました。

南村　家は自分にとってもホッとできる場で、そこがないと仕事も頑張れないんじゃないかな。

「大変」を「楽しい」に変換して子育てを楽しむ

石川　インスタで拝見しましたが、クリスマスの手作りアドベントカレンダーなんてもう感動！　忙しいのに子どもをワクワクさせるためにイベントを目いっぱい楽しんでいるのが伝わって、私もまだできることがあるなと勇気づけられました。そういうフォロワーの方、たくさんいるんじゃないかな。先日、家族で久しぶりにディズニーランドに行ってパレードを見たんですが、自分が小学生のときにパレードを見て感動して、人を感動させられる仕事につきたいと考えていたことを思い出しました。『TIAM』を５年前に立ち上げたのも、子どもたちの目をキラキラさせるような情報を発信していきたかったからなんです。情報の伝え方はどんどん変わっていくとは思うけど、子どもが感動や感激することを提供して、その結果ママもハッピーになることをしていきたいですね。

「子どもたちの目をキラキラさせたい！」（石川）

南村　子育てはもちろん大変なんだけど、私は子どもとの生活をもっと楽しんだほうがいいと思っています。一緒にいられる時間は限られているし、仕事をしながらだとあっという間に育ってしまうから、「大変」を「楽しい」に変換して「せっかくだから楽しみませんか？　一緒に楽しみましょうよ！」と呼びかけることを、常にしていきたいですね。そのために、子どももお母さんも楽しいと思えることを考えていきたいし、一緒にいろいろな経験ができる機会をビームスで提供していきたいと思っています。

PICTURE BOOKS

* * *

子どもたちも私も絵本が大好き。忙しいときでも、
「絵本を読んで」というリクエストには必ずこたえると決めています。
絵本は、言葉で教えるのが難しい「大切なこと」を伝えるときに、
手助けになってくれるアイテム。我が家の本棚から、
ストーリーと世界観が素敵なお気に入りの10冊を選んでみました。

ともだち
谷川俊太郎・文　和田誠・絵
岩波の子どもの本
ちいさいおうち
バージニア・リー・バートン文・絵　石井桃子訳
Dr. Seuss's
ABC
んきな マドレーヌ
ドウィッヒ・ベーメルマンス作画　瀬田貞二
ティッチ
パット・ハッチンス さく・え
いしい ももこ　やく
おまたせ
ハッチンス さく／乾侑美子 やく
BOOKS TEACH YOU SO MANY THINGS!
わたしの いえ
ローラースケートた
エズラ・J・キーツ さく
さいおんじ さちこ やく
わたしと なかよし

自分について

小さい頃から自分の体と心を守る大切さを意識してもらいたくて読み聞かせています。防犯の観点からも性教育は伝えておきたい内容です。

〔L〕大事なプライベートパーツの話を子どもにもわかりやすく教えてくれる絵本。『わたしのはなし』山本直英・和歌山静子 著（童心社）

〔R〕プライベートパーツの存在と、自分も他人もひとりひとりが大切であることを伝える。『だいじ だいじ どーこだ?』遠見才希子 著（大泉書店）

SUSTAINABILITY

サステナビリティやグローバリズムについての意識は子どもの頃から持っておいてほしいと思うマインド。普段の生活と絵本の両方から教えていきたいです。

〔L〕子どもたちに海洋汚染の問題を投げかけ、解決策の見つけ方を教えてくれる物語。『しんぴんよりもずっといい リサイクルのおはなし』ロバート・ブローダー 著（パタゴニア）

〔R〕谷川俊太郎さんの短くやさしい詩と和田誠さんのほのぼのとした絵で、友達のすばらしさを語りかける。『ともだち』谷川俊太郎 著（玉川大学出版部）

CHRISTMAS

子どもたちの好きな本で、どちらもクリスマスの奇跡を思わせる素敵な物語とかわいいイラストがお気に入り。クリスマスプレゼントにも最適。

〔L〕サンタさんのイメージを決定づけたとも言われる、アメリカのクリスマス絵本のロングセラー。『クリスマスのまえのよる』クレメント・C・ムーア 著（主婦の友社）

〔R〕クリスマスイヴになってもお店に取り残されてしまった1本の小さなモミの木をとりまく、クリスマスのお話。『クリスマスイヴの木』デリア・ハディ 著（BL出版）

うそのはなし

長女がうそをついたときに、どうやって伝えたらいいかを悩んで選んだ2冊。大人でも深く考えさせられる内容で、一緒に話し合うきっかけに。

〔L〕イソップ物語で有名なオオカミ少年の話。イラストの美しさも魅力。『オオカミがきた（イソップえほん1）』蜂飼 耳 著（岩崎書店）

〔R〕人間はうそをつく動物。どうしてうそをつくんだろう？　というところから、人が生きるということを考える。『うそ』中川ひろたか 著（金の星社）

WORLD

ものの考え方や視野を広げてくれる絵本。世界にはいろいろな人がいるし、地球は広いということを知ってほしいと思って読み聞かせています。

〔L〕世界にはさまざまな民族、風習、言語、文化があり、ちがうことの素晴らしさを伝えてくれる。『せかいのひとびと』ピーター・スピアー 著（評論社）

〔R〕この世界の素晴らしさや不思議さ、生きていくために大切なことを伝えてくれる。『ほら、ここにいるよ　このちきゅうでくらすためのメモ』オリヴァー・ジェファーズ 著（ほるぷ出版）

HOW TO PLAY?

Gesture Game

**みんな大好き
ジェスチャーゲーム！**

最近のヒットは、ジェスチャーゲーム。出題者が声を出さずジェスチャーだけでお題を表現し、ほかの人が当てる定番のゲームで、年齢問わずみんなで楽しめます。うちでは、お題の紙を手作りするところからスタート。最初は夫が紙に描いていましたが、頭に浮かんだものを描くというアートの知育にもなるので、子どもたちも描くようになりました。お題は絵とひらがな、アルファベットを併記。なんとなく英語の勉強ができるようにもなっています。どんどんお題を増やせるので、何度やっても盛り上がります。

アイラービュー。

ママがおしえてくれたこと。

文・カリーナ レメント サンク　絵・榎本マリコ

アイラービュー。

お人形のしずくちゃんは、
かえちゃんとここちゃんの大切な友だち。
まるで２人の本当の妹のように、
いつも一緒に遊んでいます。

「あれれ、ケンカしちゃったの？」
「しずくちゃん。そんなときはどうするの？」
２人が一緒に、しずくちゃんに教えています。

「なかなか素直になれないときは、こうするんだよ」
ぷうっと口をとがらせて、おもしろい顔をする２人。

「ほら。自然と笑っちゃう」
「仲直りしたいときは、
いつだってこうするんだよね」

――アイラービュー、
しずくちゃん。

「ここ。しずくちゃんをお風呂に入れてあげられる？」
「うん、大丈夫！」

今日は、しずくちゃんと一緒のお風呂の日。
ここちゃんは大事な役割に少しだけ緊張しながら、
しずくちゃんをお風呂に入れてあげます。

やさしく。ていねいに。ゆっくりと。
そうそう、いつもお姉ちゃんがしているみたいにね。

――アイラービュー、しずくちゃん。

I love you.
FLOWER
寝る前にいつもママが読んでくれる、大好きな絵本。
今日は、ソファに座った2人がしずくちゃんに読んであげています。
「ゆっくりゆっくり読むんだよ。しずくちゃんが静かに眠れるように」
「いつもママが優しく読んでくれるみたいに、だよね！」
── アイラービュー、しずくちゃん。

上手に絵本を読む２人を、
優しく見ているママ。

「２人とも、絵本を読むのが
とても上手になったね」
「だって、いつも２人で
しずくちゃんに読んであげてるから」
「ママが絵本読むの、好き？」
「うん！ 大好き！」

── アイラービュー、ママ。

「そろそろ寝るじかんよ」

「じゃあいつもの！」

「アイラービュー」

「アイラービュー」

「今日も大好きよ。

ママのかえちゃん。ママのここちゃん」

「アイラービュー、ママ」

── アイラービュー、

ずっと一緒にいようね。

HOW TO PLAY?
Cardboard House

**作っているときも
完成してからも楽しい!**

配送のダンボールで何かを作ることはよくしていましたが、たまたま大きなダンボールがあったので、主人の提案でお家を作ろう! となりました。YouTubeで「ダンボールハウス」と検索して作りはじめ、カッターでの曲線のカットなどの難しいところは夫が、それ以外の直線のカットやガムテープ、装飾は子どもたちが担当。週末の2日間で完成しましたが、ずっと楽しそうに作っていました。今はリビングやテラス、子ども部屋などさまざまなところに持って行って、おままごとやかくれんぼをして遊んでいます。

LOVE MY JOB

DO YOU KNOW WHAT KIND OF JOB I DO?

✲ ✲ ✲

今、〈こども ビームス〉と〈B:MING by BEAMS〉のキッズの
2つのレーベルのディレクターをしています。
〈こども ビームス〉ではおもに海外ブランドの買い付けを、〈B:MING by BEAMS〉のキッズでは
オリジナルアイテムのディレクションを担当。子どもが産まれてからは、
いきいき働く母の姿を子どもたちに見てもらいたい気持ちが大きくなってきました。

foufoubar
SINCE I HAVE
YOUR ATTENTION
NOW, LET ME INTRODUCE
MYSELF.

子どもにサステナビリティとグローバリズム、そして経験値を

ビームスには2004年に入社しました。しばらく店舗スタッフとしてウィメンズレーベルを担当していて、お店の中ではVMD※を担当し、業務の中でも一番力を入れていました。新しい店舗ができるときに「搬入の手伝いに来てほしい」と声をかけてもらい、出張に出るようになったのをきっかけにVMD※専門の部署に異動。その後、〈B:MING by BEAMS〉（以下B:MING）のウィメンズのディレクターを任され、産休と育休を挟んで復職した際に、子ども服担当に立候補しました。

キッズレーベルの担当が集まった今の部署はママとパパが多いので、自分の子どもに着せたいと思えるリアルな買い付けや服づくりができていると自負しています。B:MINGを担当するようになってから、「ショッピングモールでこんなかわいいものが買えるなんて嬉しい！」という声を聞くようになり、それが本当に嬉しくて、自信ややりがいにつながっています。

職場では、温かいムードの中で仕事ができるよう、雰囲気作りを心がけています。子ども服に関わる大人がギスギスしているのはイヤなので、お互いが助け合う優しさを大切にしています。子どもの急な体調不良時の連携体制も万全です（笑）。

最近はサステナブルな観点を意識するようになりました。海外ブランドの商品を仕入れるにしても、そのブランドがサステナブルであるかどうか、ブランド背景をしっかり知り、長く大切にしてもらえる洋服になるかどうかを考えてセレクトするようにしています。子ども業界こそ、責任をもってもの作りをしていかなければならないし、子どもたちにも伝えていきたいと思っています。私がどんなに忙しくてもパリの展示会に行って仕入れをするのは、ブランドの担当者に直接会って話を聞きたいから。ブランド背景や思い入れを伺うと私自身も商品を大事にするし、それをお店のスタッフに伝えることでお客様に伝わって、商品が長く愛されるものになればと願っています。

オリジナルの商品を作るときにも、サステナブルな観点があると視点が広がります。例えば、商品をワンシーズンでサイズアウトしないようにするためのデザインやシルエットを提案したり、捨ててしまう残布があると聞くと、それを使ってワークショップができないかと考えたり。子育てをしながらキッズレーベルを担当するようになって、仕事でもプライベートでも洋服を大事に着る感覚がより一層強くなりました。今後は洋服を扱う会社の社員として、リサイクルやアップサイクルなど、循環につながる提案もしていきたいところです。

それと同時に、お店という場を通してアートや音楽に触れるきっかけを作り、子どもの経験値を上げるイベントにも、もっと取り組んでいきたいと思っています。子どもたちには、世界が広いことを知ってどんどん視野を広げてほしい。そのためには大人がさまざまな機会を作ってあげることが大切です。「アートに触れるきっかけがビームスだった」というような、子どもの成長の原点を作っていきたいと考えています。いろいろな経験の中から何をチョイスするかは子どもたちの自由。選択肢は多ければ多いほどいいので、未来にはたくさんの可能性があるよと小さい頃から伝えていきたいですね。

※VMD (Visual Merchandising)

WORK 01

b こども ビームス

こだわりのセレクトアイテムで ハッピーなライフスタイルを提案

〈こども ビームス〉は、子どもたちの豊かな感性や想像力を伸ばすきっかけになるモノやコトを提案するレーベル。ラインナップは、国内外のブランドから厳選したアイテムがメインです。私は全体的なディレクションを担い、海外や国内の展示会などに足を運んで、商品の買い付けをしています。また、一部オリジナルの商品も作っていて、上質な素材を使った高級感のある子ども服の提案も。

店舗は代官山にあり、洋服だけでなくバッグやシューズの小物類、玩具や家具など、子どもの生活にまつわるものが揃います。親子で楽しめるイベントやワークショップも随時開催。私は月に1回くらいのペースで代官山のお店にも立っているので、ぜひ遊びにきてください。

読まなくなった絵本をほかの絵本と交換できるイベント「えほんこうかん会」は今後常設を予定。

人気古着店のポップアップ「KIDS VINTAGE MARKET」は毎回大好評。

もいもい
マドレーヌといぬ
コロちゃんは
どこ？
コロちゃんの
おさんぽ
あかいくるまの
ついたはこ

WORK 02

B:MING by BEAMS

キッズはオリジナルのカジュアルラインに注目

幅広い世代に向け、メンズ、ウィメンズのカジュアルからビジネスまで、そしてキッズはオリジナル商品を中心に展開する〈B:MING by BEAMS〉（以下B:MING）。雑貨なども扱う多彩なラインナップで、ファッションとライフスタイルを提案しています。私はキッズのディレクターを務めていて、毎シーズンのテーマやイメージを企画し、それをもとにデザイナーさんと一緒にアイテムを作っています。オリジナルアイテムは、生地をセレクトしたりテキスタイルを作成したり。大好きな古着からインスピレーションを受けることもあります。カジュアルなラインから、オケージョンアイテムまで揃うB:MINGのキッズ。デザインと工夫を施した、愛着のあるアイテムばかりです。

オリジナルのテキスタイルは、ヴィンテージ風がかわいい色や柄の展開。

B:MINGが考える、心地よい暮らしのヒントを紐解くライフスタイルマガジンも要チェック。

textile archive

これまでに発売した〈B:MING by BEAMS〉キッズのオリジナルテキスタイルのアイテムたち。
キッズサイズでは映える色や柄を考慮して、製作しています。

2022SS for Kids

2023SS for Kids

2022FW for Kids

2022FW for Kids

2015SS for Women

2015FW for Women

BUYING

NAMURA'S EYE

海外出張のときは必ず蚤の市に寄り、街を歩いてかわいいシーンを見かけたら写真を撮ります。撮影した写真を含め、気に入ったイメージをピンタレストでカテゴリー別に保管し、洋服のデザインやディスプレイの参考にしています。

LORENZO
TAPISSER
REMPAILLAG
Réfection de sièges tous styles
LITES ITALIEN

ÉCHIRÉ

ASK ME!

I WONDER WHAT YOU ARE MOST CURIOUS ABOUT ME.

✲ ✲ ✲

ファッション、仕事、インテリア、家族のこと、私自身のこと……。
普段インスタグラムにいただく質問に
なかなか答えられずにいたのでこちらでまとめてお答えします。
よく質問をいただくお洋服のコーディネートや子どものヘアアレンジ、
インテリアのことなどは別のページでも紹介しているのであわせて読んでみてください。

BIG THANKS FOR ALL THE ENCOURAGEMENT YOU ALWAYS GIVE US!
LET'S MAKE PARENTING A FUN RIDE TOGETHER!
WE ALL SHARE THE SAME WORRIES, DON'T WE?
THANK YOU FOR YOUR NEVER-ENDING SUPPORT!

Fashion× Work× Interior× Family× Beauty× Mind×

Q. 自分の洋服はどこで買っている？

A. ビームスの商品も購入しますが、ほとんどが古着です。よくチェックしているお店は、moderate vintage（オンラインショップ）と東京・三軒茶屋にあるSALLY'S JOURNEY。

Q. 好きなデザインの洋服を買うと、トップスとボトムスがうまく合わせられません。何かアドバイスはありますか？

A. 私の場合、いいなと思ったものは、自分の手持ちの洋服３つ以上と合うものが浮かんだら購入するようにしています。でも好きなものだったらアイテムが偏っちゃうのはいいんじゃないかな。私はワンピースばっかり買ってしまいます。ワンピースは１枚で決まるし、パンツを合わせたり羽織りものを変えれば着回しもきくのでおすすめです。

Q. 子どもの入学式、卒業式の洋服のアドバイスをお願いします！

A. 私のオケージョン対応は、黒のベロアのワンピース。取引先の忘年会など仕事でドレスアップが必要なときにも着ていて、靴やアクセサリー使いでフォーマルにもカジュアルにもなります。でも、入学式は春らしい明るめの色のワンピースがいいかも。次女のときには着物を着てみたいとも思っています。ハレの日なので記念に残る自分の好きなスタイルがいいですよね。

Q. 子どもたちの洋服はどこで買っている？

A. 海外ブランドのものを個人輸入したり、古着だったり。古着はCHEROKEEやVintage boutique IAMなどをよくチェックしています。もちろん、〈こどもビームス〉で取り扱っているブランドのものや、〈B:MING by BEAMS〉のアイテムも着せています。

Q. 子ども服のこだわりは？

A. 長く着られるものであること、姉妹で共有できること。新しく購入するときは、ワンシーズンでは終わらせないつもりで選んでいます。

Q. 子どもたちの洋服は、学校（保育園）用と休日用を分けていますか？着回しのコツも教えてください。

A. 分けています。学校も保育園もパンツスタイルがメイン。保育園のお着替え用は、ファストファッションブランドのものも多いです。コツというほどではありませんが、ボトムスに柄物を持ってくると、シンプルなトップスをいくらでも着回すことができます。柄物トップスでシンプルなボトムスを着回していくより、全体の印象がガラッと変わるのでお得感もあり。

Q. サイズアウトした子ども服の手放し方を教えてください。できれば、オンラインフリマをやってほしい！

A. サイズアウトしたものは友人や同僚のお子さんに譲ったり、夫のお店の「Belle Bloom」で撮影会のレンタル衣装としてお貸出ししたりしています。あとは、近所でフリマの出店をしたり。価値観の近い方にお譲りしたいというか、「この子に着てもらえるんだ」と、相手の顔の見える形で、次が見える手放し方をしたいと思っています。フリマには子どもも同席させていて、昔の写真を見返しているときに「このお洋服、あのときのフリマで譲ったよね」という会話が出ることもありました。大事に着る感覚が子どもたちに伝わるといいなと思っているので、今のところ、オンラインフリマでの販売は考えていません。

all questions about me!

Q. 普段、子どもたちの洋服は南村さんが選びますか？
自分たちで選んでいますか？

A. おでかけのときは、姉妹や親子でリンクコーデを楽しむことが多いので、私が選んでいます。平日は自分で選んだり、「ちゃーちゃん選んで」と言ってきたり。平日の朝はとにかく時間との勝負なので、スムーズなほうで。

Q. 中学生女子の母なんですが、おすすめの洋服ブランドがあれば教えてください。

A. 周りでよく聞くのは ZARA や H&M。小学校高学年くらいから中学生のジュニア層になると子ども服のサイズ感ではなくなるし、大人のものでは大きすぎたりもするので、洋服選びが難しいですよね。ジュニア層は、ビームスでも今後取り組みたいところです。

Fashion× **Work×** Interior× Family× Beauty× Mind×

Q. 代官山の「こども ビームス」のお店に立つ予定はありますか？

A. あります。ベースでいうと月1くらいはお店に立っています。イベント時にはお店に出ていることが多いので、ぜひ遊びに来てくださいね。

Q. 正社員ですか？
フルタイムで働いていますか？

A. 正社員です。二度の産休と育休を経て、2024 年現在は時短で働いています。

Q. 仕事と子育て、どうやりくりしていますか？

A. 私は子どもができるまでは自分のために仕事をしていましたが、子どもができてからは、働いてイキイキしている姿を子どもに見てもらいたいという思いが強くなりました。私が仕事をしているから伝えられることも、たくさんあります。それに、幸せでない人が作った洋服はお客様に選んでもらえないと思うので、私自身がハッピーであることも大切。子どもに寂しい思いをさせることもありますが、家族や友人の力をたくさん借りながら、仕事も育児も全力で楽しんでいきたいと思っています。

Fashion× Work× **Interior×** Family× Beauty× Mind×

Q. 雑貨はおもにどこで買っていますか？

A. 新しいものは、夫のお店である「Belle Bloom」のものが多いです。フライング タイガー コペンハーゲン、メキシコ雑貨のオンラインショップなどで購入したものもあります。うつわや布類などヴィンテージのアイテムの多くは、出張で行くパリの蚤の市で購入。

Q. 家の間取りを教えて！

A. 2LDK ＋ルーフバルコニーが 2 つです。

Q. 壁の少ない我が家でも、
おしゃれに見える装飾を教えてください。

A. かわいいガーランドを見つけて飾ってみるのはどうでしょう？　ガーランドなら壁はもちろん、窓や天井から渡してもさまになります。うちではリビングにも子ども部屋にも飾っています。

Q. 家がとってもおしゃれ！　掃除はどうしていますか？

A. 特別なことはなにも……。棚の埃は拭いて、掃除機をかけるくらい。うちは布類が多いのでよく洗います。洗剤は普通の衣類用。乾燥機はないので、ベランダに干しています。仕事が終わって家に帰ってきたときに、家が散らかっているのが嫌なので、なるべく家を出る前の朝に片付けるようにはしています。

Q. いつもお食事しているテーブルはどこで購入されたものですか？

A. 渋谷の memo というヴィンテージ家具屋さんで買いました。

Q. 洋服の収納はどうしていますか？

A. 子どもたちの洋服は姉妹で兼用なので、まとめてクローゼットに入れています。保育園用や下着など、プラスチックのケースにカテゴリー分けしていて、自分たちで取って着られるようにしています。私の洋服は、アウターやシワになるものはハンガーにかけ、畳めるものはプラスチックのケースに入れて色柄が見やすいように並べています。サイズアウトしたものや、着なくなった私の洋服はまとめて袋に入れて倉庫のようなところにしまっていて、ある程度の量になったらフリマに出店するようにしています。

Q. 子どものおもちゃ収納はどうしていますか？

A. 細々したものは種類別に分けてかわいい空き缶などの中に。大きいものはカゴに入れ、布をかけて収納しています。子どもたちでも取り出しやすく、しまいやすいように。

Q. お部屋に飾っている絵などはどうやって留めていますか？

A. 押しピンで留めています。

Q. インテリアは独学ですか？

A. 独学です。ひとり暮らしを始めたときから部屋を自分仕様にできるのがうれしくて、洋書などを参考にしながらいろいろリサーチして楽しんできました。昔から家具も洋服も古いものが好きで、愛着をもって使われてきたであろうものに惹かれます。

Q. 自分の家が好きになれません。お部屋を作るにあたって意識していることはありますか？

A. これはもう、好きな空間になるまで自分で作っていくしかないかな。私は、ひとり暮らしのときから自分の部屋をどれだけ心地よくするか、好きな空間にするかを考えてきました。家に帰ってきたときに、好きなものに囲まれていないと落ち着けないので、どうしたら落ち着ける空間になるかを考えながら試していくといいかも。部屋は勝手に自分好みの空間になってくれるわけではありません。家具や家に置くものはそう簡単に変えられないので、「これはずっと家にあっても嫌じゃないか」と慎重にチョイスして、少しずつ自分の好きなもので固めていけるといいですね。

Fashion× Work× Interior× **Family×** Beauty× Mind×

Q. 子どもたちが、用意した服や新しく買ってきた服を着たくないということはありませんか？

A. あります！ そういうときは、寝かせておきます。長女がだめでも、次女が着てくれたりもします。コーディネートで譲れないときは「今日はどうしてもこれを着てほしいんです。お願いします」と、お願いすることもあります。

Q. 娘にイラッとくることが増えてきて、冷たい態度をとってしまうことがあります。そんなとき南村さんはどうしていますか？

A. 必要以上に怒ってしまうこと、もちろんあります。そういうときは、反省してできるだけ早く「ごめんね」を言うようにしています。

Q. かえちゃんと同じで、子どもがバレエを習っています。大変じゃないですか？

A. 大変ですよね。長女は1年くらい続けていて発表会を一度経験しているのですが、なかなか準備も大変で、心が折れそうになっています。今後は、本人のやる気と相談ですね。

Q. ここちゃんと同じ歳の娘がいます。かんしゃくを起こしたときはどう対応していますか？

A. 気が直るまで待ちます。買い物に行って「これを買って」と引かないこともありますが、そういうときは「絶対に買わないよ」というスタンスではなく、「買ってあげるけど、こうしようね」と約束事を決めてお互い納得できるところを探します。

Q. 習い事を増やす予定はありますか？

A. 本人のやりたい気持ちに任せますが、私としては長女にKUMONを薦めたいです。

Q. 子どもがしてほしくない言葉遣いや態度をしたときは、どのように伝えていますか？

A. 長女がうそをついたときは、絵本を使って説明しました。してほしくない言葉遣いをしたときは、「こういう言葉遣いをすると悲しい気持ちをする人がいる、さらに私も悲しいからやめてほしい」と理由を伝えて、その都度納得のいく落としどころを見つけながら説明します。“悲しい”がポイントです。

Q. おすすめの家族旅行先を教えてください。

A. 千葉の海には季節を問わずよく行きます。海外だと、まだ次女が生まれる前に行ったバリがよかったので、4人で行きたいです。

Q. かえちゃんの学童弁当の中身が知りたい！

A. 夕飯の残りや卵焼き、冷凍のコロッケなどです。お弁当はおもに夫がつくってくれています。

Q. 笑顔がいつも素敵です。子育てで気をつけていることはありますか？

A. ありがとうございます。笑顔は大切にしていて、私自身が怒りすぎて雰囲気が悪くなったときは「ごめんね」を言うようにしています。子どもたちにも、「ケンカをしてもできるだけ笑顔で終われるようにしようね」と伝えています。そうすると、子どもたちが変顔をして笑わせる努力をしてくれたりするので、さらに愛おしくなります。

Q. 夫の弦さんの気遣いがすばらしいと感じますが、それはもともとのものですか？

A. そうですね、結婚してからとか子どもができてから変わったとかではなく、もともと気遣いができる人で、育ちの良さというか生まれ持った優しさみたいなものを持ち合わせていました。雨が降っていたら送ってくれるとか、駐車場が遠かったら家族を先に降ろして自分だけ車を回してくるというのが当たり前にできる人。以前、夫が「最近、料理ができていなくて腕が鈍ってしまうからごはん作らせて」と言ったときは、私も「やってもらって、ごめんね」という言い方はしないようにしようと思いました。2人で家事をし、仕事をするのが我が家のスタイル。もちろん、出張で不在にするときに家を守ってくれることは本当にありがたいです。

Q. 子どもがすぐに体調をくずします。気をつけていることは？

A. 発酵食品でしょうか。平日の朝ごはんは、味噌汁に納豆、白米に少し玄米を混ぜて食べています。あと、なるべく薄着!!

Fashion× Work× Interior× Family× **Beauty×** Mind×

Q. ツルツルお肌の秘訣を知りたい!

A. 肌は綺麗ではないのですが、あまり荒れることがないので丈夫なようです。普段は、ドラッグストアで購入できる化粧水と乳液を使っていて、定期的に角質をとるピーリングをしたり、大事な日の前にパックをするくらい。体は、お風呂上がりに子どもと一緒に使えるクリームを塗っています。どれも毎回決まったブランドのものを購入するわけではなく、ポンプタイプなど使い勝手で選んでいます。コスメより、和食中心の食事で便秘知らずなのがいいのかもしれません。

Fashion× Work× Interior× Family× Beauty× **Mind×**

Q. 1日のタイムテーブルを教えてください。

A. 平日は朝7:00起床、夫が朝食を作る間に準備などをして7:30に朝食、夫が子どもたちを送ります。私は夕飯を何かしら作って8:30に家を出て会社へ。今は時短なので17:00まで仕事をして、17:45に次女の保育園にお迎えに行き、18:00に長女の学童のお迎え。宿題を見た後、19:00に夕食。20:00にはお風呂に入って、子どもたちは21:30くらいに就寝。子どもたちが寝た後にできることをやって24:00までには寝るようにしています。どうしてもというとき以外は、家でパソコンを開きません。休日は、目覚ましをかけずに起きてみんなで好きなものを食べ、どこに行こうか話し合います。出かけるときは、外食をして銭湯に行って帰ってくるまでがセットです。

Q. 自分時間は何をしていますか？

A. 通勤中も大事な自分時間。ポッドキャストで色んな番組を聞いています。夜は韓国ドラマを観たり。

Q. バッグの中身を教えてください。

A. スマホと財布、ノートとペン（スケジュール管理はスマホ）、ティッシュ、ウェットティッシュ、リップ、ハンドクリーム、アルコールスプレー、水筒（中身はルイボスティー）、頭痛薬、折り畳み傘、それから自転車に乗るのでサングラス。これがデフォルトです。

Q. 体力、エネルギーはあるほうですか？

A. 夫が私の長所としてあげてくれているように、もともと丈夫です（笑）。小学校と中学校はバスケ少女で、活発な性格でもありました。今はとくに運動はしていませんが、日課の自転車と発酵食品で健康をキープ。

Q. 愛とパワーの源は？

A. 家族!

thank you for asking.

{ My dear family, with love ♡ }

{ I love you

Epilogue

ビームスの一員として目まぐるしく働く中で
見過ごしてしまいそうな何気ない出来事や
子どもたちの一瞬一瞬を記録したフォトダイアリー。

それをきっかけに、本が作れるなんて
夢にも思っていませんでした。

小さな粒でしかなかった私の大切なモノや人、
家族の物語や思い出、愛おしい日常を
こうして書籍に残せたことに感謝しています。

制作にあたって昔の写真や
記録を遡っている時間がとても幸せでした。

私にはさまざまなターニングポイントがあって、
その中でも一番の人生の転機となったのは、母親になったこと。
その日から人生の景色が変わり、
目に映るひとつひとつを大事にあたためながら
私たち家族は10年という節目を迎えました。
そんなタイミングで作ることができた書籍。
形にしてくださった制作チームやサポートしてくれた
会社のメンバー、協力してくれた皆さま、
本当にありがとうございました。
今回、夫と2人の娘にも沢山協力してもらいました。
ありがとう!

そして、この本を手に取ってここまで読んでくださった読者の
皆さまへ、心からのありがとうを伝えたいです。

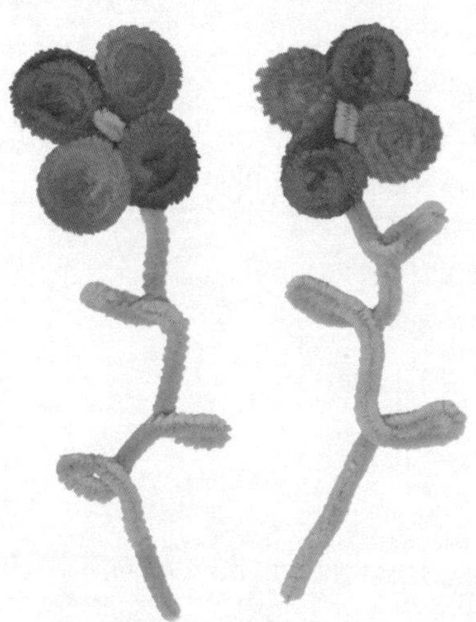

THANKS FOR READING!

南村麻美 ASAMI NAMURA

〈こども ビームス〉〈B:MING by BEAMS〉
キッズディレクター

2004年 BEAMS入社。店舗スタッフ、ビジュアルマーチャンダイザー、〈B:MING by BEAMS〉のレディースディレクターを担当。産休・育休を経て復職後〈こども ビームス〉と〈B:MING by BEAMS〉キッズの2レーベルのディレクターを務め、海外からの買い付けや商品企画まで幅広く活躍。趣味は子ども服とインテリア。SNSで発信する親子のライフスタイルが注目を集めている。
Instagram：@chami1222

BEAMS

1976年、東京・原宿で創業。1号店「American Life Shop BEAMS」に続き、世界のさまざまなライフスタイルをコンセプトにした 店舗を展開し、ファッション・雑貨・インテリア・音楽・アート・食品などにいたるまで、国内外のブランドや作品を多角的に紹介するセレクトショップの先駆けとして時代をリードしてきました。とくにコラボレーションを通じて新たな価値を生み出す仕掛け役として豊富な実績を持ち、企業との協業や官民連携においてもクリエイティブなソリューションを提供しています。日本とアジア地域に約160店舗を擁し、モノ・コト・ヒトを軸にしたコミュニティが織り成すカルチャーは、各地で幅広い世代に支持されています。
https://www.beams.co.jp

MOM & KIDS DIALOGUE
子どもと一緒に暮らしを楽しむためのヒント!

発行日	2024年4月30日 初版第1刷発行
著者	南村麻美（株式会社ビームス）
発行者	千葉由希子
発行	株式会社世界文化社
住所	〒102-8187 東京都千代田区九段北4-2-29 電話 03-3262-5155（編集部） 電話 03-3262-5115（販売部）
印刷・製本	大日本印刷株式会社
DTP製作	株式会社明昌堂
撮影	IBUKI [LIVING WITH FASHION, HAIR LOVERS] 加藤新作 [FAM TALK, HOME INTERIOR, KIDS ROOM] 古家佑実 [CLOSET OF MOM, CLOSET OF KIDS, PICTURE BOOKS, COLUMN 01-03, LOVE MY JOB（P128, P129）]、田尾沙織 [MOM TALK]
クリエイティブディレクション	溝口加奈
編集	溝口加奈、須藤 亮、石井 繭、棚橋歩美（Mo-Green Co.,Ltd.）
文	山本章子
デザイン	會澤明香、井平貴志、小池笙乃（Mo-Green Co.,Ltd.）
絵	榎本マリコ［I LOVE YOU（P113-P120）］
校正	株式会社ヴェリタ
プロダクションマネジメント	株式会社ビームスクリエイティブ
営業	大槻茉未
進行	中谷正史
編集部担当	平澤香苗、田上雅人（株式会社世界文化社）

 ISBN978-4-418-24409-6

本書に掲載されているアイテムはすべて著者の私物です。また写真の解説は著者が入手した際の情報に基づくものであり、著者の解釈のもとに記載されています。現在は販売されていない商品もありますので、ブランドや製作者へのお問い合わせはご遠慮くださいますようお願いいたします。